我的酷炫创客空间

来搭建吧

自己动手拼搭建筑物

【美】杰西·阿尔基尔　著

解超　译

 上海科技教育出版社

给大朋友们的话

　　对你们来说，这是一次帮助小创客们学习新技能、获得自信心，并且做出酷炫作品的机会。本书中的活动都是为了帮助小创客们在创客空间中完成项目而设计的。有一些活动，孩子可能会需要更多的帮助才能完成，希望你们能够在他们需要的时候给予指导。鼓励他们尽可能地依靠自己的能力完成作品，并且在他们展现出创意的时刻献上掌声。

　　在开始之前，记得制订取用工具、材料以及清理场地的基本规则。在使用高温工具以及尖锐工具的时候，请确保现场有成年人的监护。

安全警示

　　本书中的一些项目需要用到尖锐工具，这意味着你需要在成年人的帮助下来完成这些项目。当看到如下的安全警示图标时，你就需要寻求成年人的帮助了。

尖锐警示！

　　这个项目中需要用到尖锐工具。

目录

创客空间是什么

想象一个充满活力的空间：在你的周围人声鼎沸，了不起的创造者与工程师们正在通力合作，创造着超级酷炫的作品。欢迎来到创客空间！

创客空间是人们聚在一起进行创造的地方，它也是创造各种各样建筑作品的完美场所。这里配备了各种各样的材料与工具，但对创客来说，最重要的其实是他们的想象力。创客们梦想着做出全新的建筑作品，他们还想办法改进已有的作品。要做到这一点，创客们需要成为富有创造力的问题解决者。

你准备好成为一名创客了吗？

在开始之前

获得准许

在开展任何项目之前，都需要得到在场的成年人的允许，才能使用创客空间中的材料和工具。

制订计划

在动手制作之前，需要通读制作说明，并且准备好需要的所有材料。在制作的过程中也要确保材料和工具摆放整齐。

懂得尊重

在别人需要的时候，分享你的材料和工具。用完某件工具之后，记得放回原位，以方便他人使用。

细致认真

有些建筑零件和工具体积很小，你在组装的时候要有序摆放，以免无法找到。

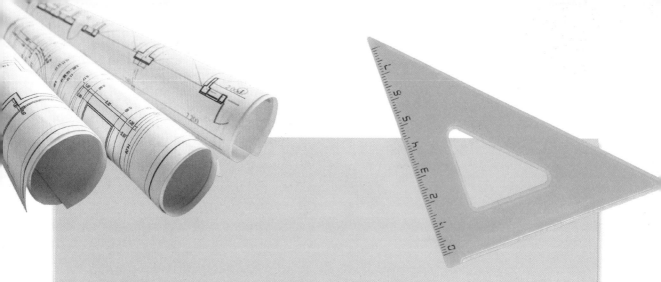

建筑学是什么

　　建筑学是研究如何对建筑和其他结构进行规划、设计，以及建造的学科。承担这项工作的人被称作建筑师。建筑往往被认为是一种艺术形式，许多建筑以它们的建筑学特点而闻名。建筑师们倾心于设计既美观又坚固的建筑结构，此外还需要关注特定的建筑需求与用途，例如政府建筑、摩天大楼和学校等。

乐高 (LEGO)

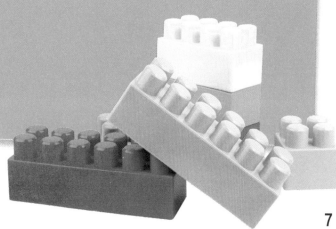

LEGO是一种搭建建筑结构的玩具。它们往往是一系列塑料拼搭砖块，可以通过组合拼接成一定的结构。有许多LEGO套件可以用来搭建特定的项目，你也可以使用基础砖块创造出你想要的任何结构！本书中的建筑项目都要用到LEGO，你可以在实体店或网店购买到LEGO产品或者相似的搭建套件。

科乐思 (K' NEX)

K' NEX是另一款搭建建筑结构的玩具。套件里包含一系列圆杆、连接片、齿轮和轮子。运用这些零件可以搭建出各种结构。K' NEX销售的套件包可以完成特定的项目，他们也出售基础零件用于搭建你喜欢的任何结构。K' NEX同样可在实体店与网店购买到。

准备材料

以下是完成本书中的项目所需要用到的一些材料和工具。如果你的创客空间没有你需要的材料，你也不必担心。优秀的创客本身就是解决问题的高手。你可以寻找其他材料来代替，也可以将项目略加改造来适合你拥有的材料。记住，要勇于创新！

鸟饲料

弹力球

硬纸板盒

彩色铅笔

美工刀

海绵笔刷

方格纸

K' NEX 连接片

K' NEX 圆杆

K' NEX 375 件套装

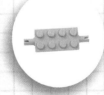

LEGO 销砖

LEGO 基础砖块

LEGO 底座

卷尺

技术指南

颜料

卷纸筒

铅笔

橡皮筋

规"画"出来

建筑师会在搭建建筑之前先画出设计方案。你也需要在方格纸、素描本或者草稿纸上画出方案哦。用铅笔画图，这样你可以在需要的时候进行修改。如果设计方案无法实施，没关系，翻到下一页重新开始吧！

拼接K'NEX零件

K'NEX的卡口插片、连接片和圆杆有着各式各样的大小与形状。多多练习将它们拼接成不同的样式，这样以后用起来就会得心应手。

卧室模型

用LEGO给自己搭建一座等比例的
卧室模型吧！

你需要准备

卷尺、草稿纸、铅笔
方格纸、直尺、彩色铅笔
大号LEGO底座
LEGO基础砖块

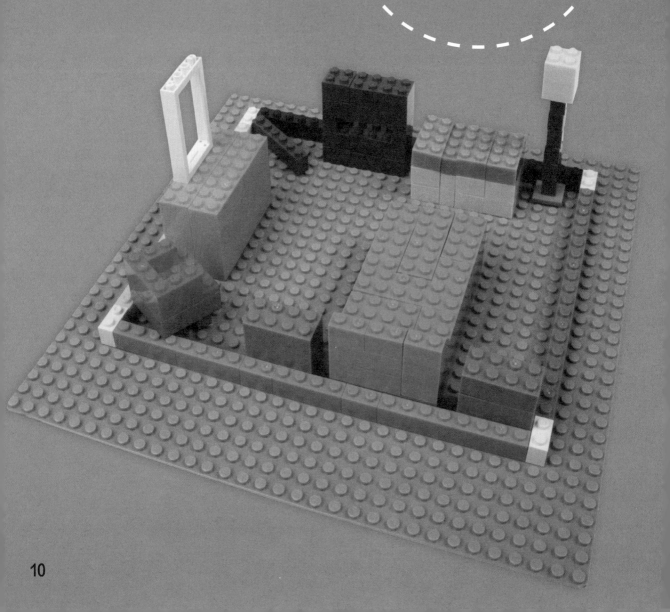

1. 测量你卧室的长宽。测量你房间中每一件家具的长、宽、高。记录下这些测量数据。

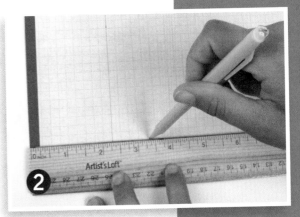

2. 在方格纸上画出房间的轮廓。方格纸上的两格代表0.3米的实际长度。例如，如果你的房间有3米宽，那么就等于纸上20格。

3. 用第一步中的测量数据画出卧室中的家具。用彩色铅笔给家具加上颜色。完成的图就是你LEGO模型的平面图。

4. 用LEGO基础砖块在底座上搭出你房间的轮廓。底座上的一个凸点代表方格纸上的一个方块。

5. 用LEGO基础砖块搭建轮廓中的家具模型。

6. 把你的模型与真实的卧室进行对比。看看模型的间距和摆放有多精确。

双层喂鸟器

搭建一座鲜艳的喂鸟器，填满饲料，放到
室外等待贵宾的到来吧！

你需要准备

16x24 LEGO 底座

LEGO 栏杆零件

LEGO 基础砖块

10x20 LEGO 底座

LEGO 装饰零件（可选择）

鸟饲料

勺子

1 沿着LEGO大底座的一条长边用LEGO栏杆或基础砖块搭建一个栅栏。

2. 在栅栏后面，用基础砖块搭建一堵和栅栏一样高的围墙。

3 用基础砖块沿着底座上的两条短边延伸围墙。空出底座上最后一条长边。

4 用一个凸点宽度的基础砖块在底座的最后一条长边上搭建一排窄围墙。

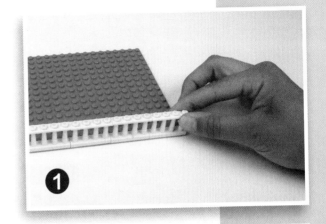

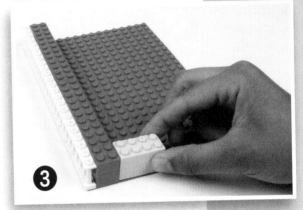

5. 在底座的中央用基础砖块搭一个 6x14长方形，这将成为喂鸟器中心结构的地基。

6 在中心地基上堆叠几层基础砖块，直到整个结构达到10或11层砖块高。

7. 把较小的LEGO底座放置在中心结构的顶部，它将成为喂鸟器的上层平台。

8 用1x1基础砖块在上层平台四周搭出栅栏。

9 在上层平台的中央，用基础砖块搭建一个4x10长方形，这将成为上层中心结构的地基。

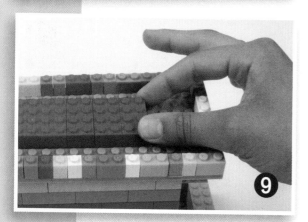

10. 在上层地基上堆叠2或3层基础砖块。

11 根据你的喜好装饰喂鸟器吧！你可以搭一个屋顶，装一些窗户，或者尝试更多。

12 在底层和上层的中心结构周围填放鸟饲料。

13. 把喂鸟器放在走廊、露台、室外长桌或室外任何一个地方。观察被吸引到彩色喂鸟器上的鸟群吧！

K' NEX 六桥

用K' NEX套装来搭建一座炫酷的大桥吧!

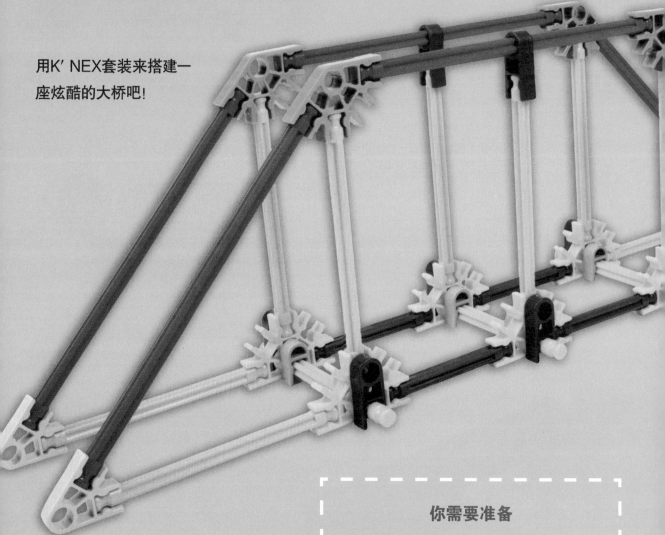

你需要准备

K' NEX 375件套装（6个黄色连接片、13根黄色圆杆、8个紫色连接片、6个卡口插片、4根蓝色圆杆、4个浅灰色连接片、4个绿色连接片、6根红色圆杆）

16

1. 在一根黄色圆杆的两端套上黄色连接片。

2 在圆杆的两端再套上紫色连接片。

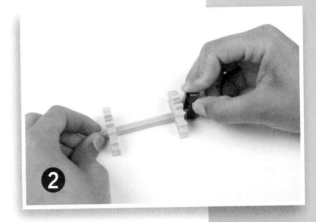

3 在每个黄色连接片的内侧接上卡口插片。这样就完成了大桥的一根横梁。

4. 重复步骤1—3，再搭出两根横梁。

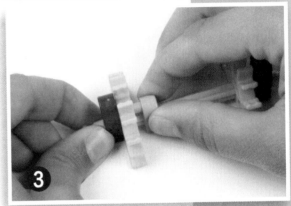

5 将横梁平行排列，用蓝色圆杆连接这些横梁，桥面就完成了。

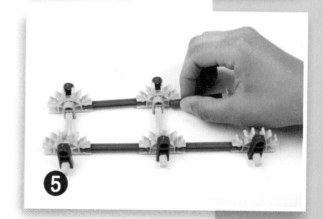

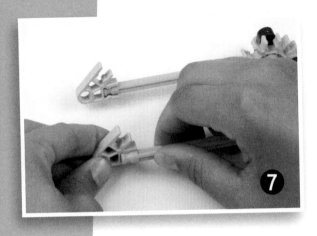

6. 在桥面两端的黄色连接片上连接黄色圆杆。这些黄色圆杆要背离蓝色圆杆的方向。

7 在第6步添加的黄色圆杆的另一端添加浅灰色连接片。

8. 在6个黄色连接片的顶部分别接上黄色圆杆。

9 在桥面4个角的黄色圆杆上添加绿色连接片。

10 在桥面中央的两根黄色圆杆上添加紫色连接片。

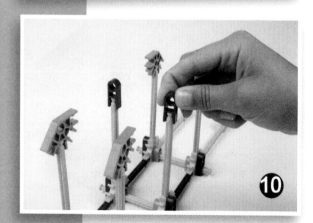

11 把一根红色圆杆从紫色连接片的孔中穿过。转动连接片使红色圆杆和绿色连接片能够相连。在桥的另一端重复这一操作。

12 在4个浅灰色连接片上分别连接红色圆杆，另一端连接绿色连接片。

13. 你的大桥完成啦！拆开它尝试其他大桥设计方案吧。

圣诞糖果城堡

搭建一座既坚固又亮眼的圣诞糖果城堡！

1 用白色基础砖块在32x32LEGO底座上搭建一个靠近一条边的12x22长方形。这是建筑的地基。

2. 地基靠近底座中心的一面墙会成为城堡的正面。在正面的墙上相隔6个凸点安置两个柱状砖块。

3 在柱子的顶端添加拱门砖块，这样就建成了城堡的大门。

4 在地基上添加3层红白相间的基础砖块，不要把砖块放在大门口。

⑤ 在大门旁的墙上安装一扇LEGO窗户。

⑥ 在窗户的两侧放置红色的柱状砖块。

7. 在窗户上端加一个小号的雨篷。

8. 用基础砖块把窗户之上以及窗户和门之间的空间填满，并使其顶部一样高。

9. 继续按圣诞糖果的图案风格层层添加红白相间的砖块，直到四周的墙都一样高。

⑩ 在城堡顶部添加10x20LEGO底座。

11. 围绕10x20LEGO底座的4条边安装一个凸点宽的红色LEGO底座。

12. 围绕建筑的4条边界叠加一层白色基础砖块。

⑬ 在大门的上方添加一个红色大雨篷。用红色屋顶砖块勾勒屋顶的轮廓。

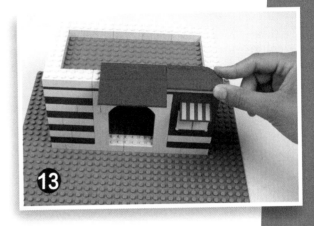

14. 用红色基础砖块填满屋顶的其余部分。用基础砖块、一个红色小雨篷 和屋顶砖块在屋顶上搭建一座小塔。

⑮ 给你的城堡添加装饰品！建造一条去花园的小路吧。用LEGO树木等部件发挥你的创意！

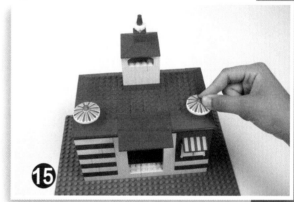

小贴士　如果没有LEGO装饰砖块怎么办？发挥你的创意，用其他材料来完成你的作品。

滑轮升降机

用LEGO砖块和绳子搭建一台可以
工作的升降机。

你需要准备

LEGO基础砖块、16x32LEGO 底座
LEGO 窗户、LEGO 滑轮
LEGO 销砖、6x12 LEGO 底座
LEGO 小人、绳子、剪刀
LEGO 装饰物（可选择）

1. 用基础砖块在16x32LEGO底座的一端勾勒一个10x16长方形轮廓。

2. 在长方形顶端叠加大约19层基础砖块。

3. 在墙的一边安装一扇LEGO窗户。

4. 将滑轮插入LEGO销砖的一端中。

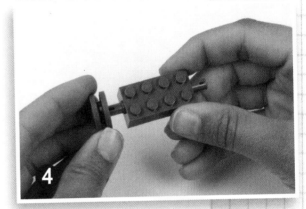

5. 添加更多的基础砖块，直到墙和窗户的上缘齐平。在搭完最顶层之前，把滑轮和销砖添加到该结构顶部。确保滑轮沿墙壁的外缘向外伸出。

6. 添加更多基础砖块，直到墙和窗户的上缘齐平。然后再添加最后一层。

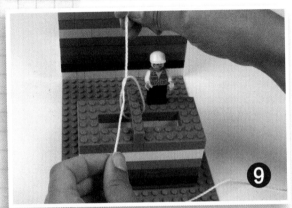

7. 用基础砖块在6x12LEGO底座的四周搭建5层高的围墙，以此作为升降机轿厢。

8 在升降机轿厢的中心添加一个1x6砖块，横跨在升降机轿厢的中央。在轿厢顶部摆放一个LEGO小人。

9 剪下一长条细绳。把一端绕在横跨升降机轿厢顶部的窄砖块上，并系紧。

10 把细绳绕在滑轮上。拉动细绳就能看到你的升降机轿厢上升了！

11. 为你的底座、建筑或升降机轿厢添加LEGO装饰。

破坏球

用橡皮筋搭建一个可以推倒
LEGO小塔的破坏球！

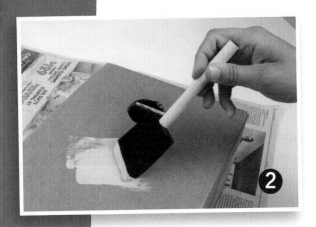

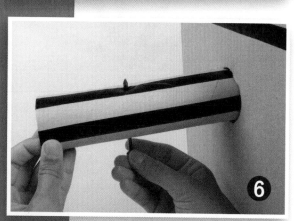

1. 把纸盒放平。把卷纸筒竖立在纸盒中，距离短边5厘米。在卷纸筒周围描出轮廓线，仔细根据轮廓用美工刀在纸盒上割出一个圆孔。

2. 将报纸铺在工作台上，用颜料装饰你的纸盒和卷纸筒。让颜料晾干。

3. 用黑色电工胶带装饰盒子和卷纸筒。

4. 在卷纸筒的一端等距离地剪开4道4厘米长的口子，形成4个小开片。

5. 把有小开片的一头穿进纸盒的孔中。向纸盒内侧折叠小开片，并用胶带粘住。

6. 把纸盒竖起来，卷纸筒在上部，将一根钉子垂直穿过卷纸筒。

7. 在纸盒中放置石块或其他重物。用胶带封住纸盒。

8 用橡皮筋完全缠绕弹力球，这就成了一个破坏球。

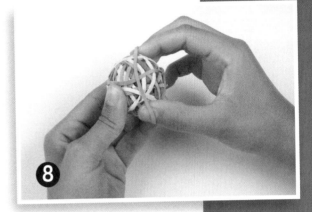

9. 剪下一长段细绳，将一端从你在卷纸筒上打的孔中穿过，并打一个较大的结以免结从孔中滑出。

10 把细绳的另一端从球上的几根橡皮筋下方穿过，拉动细绳直到球被悬挂在离地5厘米的高度。系一个结防止球掉落。

11 建造不同高度和宽度的LEGO小塔，把它们放在破坏球前面。将球向后拉，然后放手让它撞向LEGO小塔。看看到时候会发生什么。

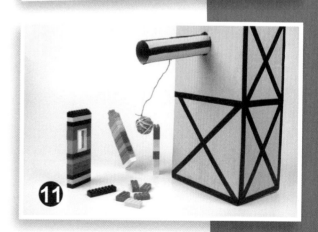

创客空间的维护

要成为一名创客，不仅仅是完成作品而已，还需要在创作的同时与他人交流与合作。最棒的创客能够在创作的过程中不断学习，不断想出下次改进的方法。

收拾干净

当你的项目大功告成之后，别忘了整理属于你的工作区。将工具以及用剩下的材料整齐有序地放回原位，方便其他人找到它们。

存放妥当

有时候你来不及在一次创客活动期间完成整个项目。没关系，你只需要找到一个安全的地方存放你的作品，直到你有空再来完成它。

做一辈子创客

创客项目的可能性是无限的，从你的创客空间的材料中获得灵感，邀请新的创客到你的工作区，看看其他创客在创造什么。

永远不要停止创造哦！

图书在版编目（CIP）数据

来搭建吧：自己动手拼搭建筑物/（美）杰西·阿尔基尔著；解超译.—上海：上海科技教育出版社，2020.6
（我的酷炫创客空间）
书名原文：Construct It! Architecture You Can Build, Break, and Build Again
ISBN 978-7-5428-7228-9

Ⅰ.①来… Ⅱ.①杰… ②解… Ⅲ.①模型（建筑）—制作—青少年读物 Ⅳ.①TU205-49

中国版本图书馆CIP数据核字（2020）第048160号

责任编辑　吴　昀
封面设计　符　劼

“我的酷炫创客空间”丛书

来搭建吧
——自己动手拼搭建筑物
［美］杰西·阿尔基尔（Jessie Alkire）著
解　超　译

出版发行　上海科技教育出版社有限公司
　　　　　　（上海市柳州路218号　邮政编码200235）
网　　址　www.sste.com　www.ewen.co
经　　销　各地新华书店
印　　刷　常熟文化印刷有限公司
开　　本　787×1092　1/16
印　　张　2
版　　次　2020年6月第1版
印　　次　2020年6月第1次印刷
书　　号　ISBN 978-7-5428-7228-9/G·4223
图　　字　09-2019-773号